Calling Carlos
Llamando a Carlos

María Victoria Castillo

For James, because he knows how to tell time. —MVC
Para James, porque sabe decir la hora. —MVC

Copyright © 2024 by María Victoria Castillo
All rights reserved. No part of this publication may be reproduced, or stored in a retrieval system, or transmitted in any form or by any means, electronic, mechanical, photocopying, recording, or otherwise, without previous written permission from the author except in case of brief quotations and/or reviews. dvcastillo1@outlook.com

ISBN 978-1-964792-01-9

Summary:
James gives details of what he does during the day. The main thing he does is, he calls his friend, Carlos. At bedtime, since he was unable to contact Carlos, he thinks about the many things they both did on that day. Before going to sleep, James decides to reset his alarm clock for 7:00 a.m., and he can't wait until tomorrow to call Carlos, again!

This book helps children learn how to tell time to the hour and to the half hour with the use of analogue and digital clock illustrations on every page. Besides their difference in length, the hour hand is green, and the minute hand is orange on each analogue clock to help differentiate them. The digital clocks include "AM" or "PM" to help with this concept. The story is bilingual (English and Spanish), so it can be used for teaching about time in both languages. The back pages include learning activities.

1. Analogue and Digital Clocks 2. Friendship 3. Bilingual Books — English and Spanish 4. Time 5. Family 6. Elementary School Education 7. Boys

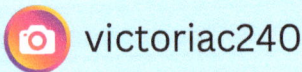 victoriac240

Early one day, I was sound asleep. Suddenly, a loud noise made my eyes open wide. I looked at my alarm clock, which was still blaring. It was seven o'clock. I smelled pancakes. It was time to get up.

Un día por la mañana, estaba profundamente dormido. De repente, un sonido fuerte hizo que mis ojos se abrieran grandemente. Miré mi reloj despertador, que continuaba sonando fuertemente. Eran las siete en punto. Olí panqueques. Era hora de levantarme.

At seven thirty, I called my friend, Carlos, to ask if he wanted to come over and eat pancakes with me. His mom said Carlos was already eating his breakfast and to call back later.

A las siete y media, le llamé a mi amigo, Carlos, para preguntarle si quería venir y comer panqueques conmigo. Su mamá dijo que Carlos ya estaba comiendo su desayuno y que llamara más tarde.

At eight o'clock, I saw Mr. Campos taking his dog for a morning walk. He always keeps him on a leash because his dog likes chasing people.

A las ocho en punto, vi al señor Campos sacando a su perro a dar un paseo por la mañana. Siempre lo lleva atado a una correa porque a su perro le gusta corretear a la gente.

At eight thirty, I called Carlos, again. His dad said Carlos had gone with his mom to get groceries and to call back later.

A las ocho y media, le llamé a Carlos, otra vez. Su papá dijo que Carlos había ido con su mamá a comprar mandado y que llamara más tarde.

At nine o'clock, my cousin called to ask me if I heard about the new boy that vomited all over the teacher's desk. He said the smell made other kids vomit too.

A las nueve en punto, mi primo llamó para preguntar si supe del niño nuevo que vomitó sobre el escritorio de la maestra. Dijo que el olor hizo que otros niños también vomitaran.

At nine thirty, I called Carlos, again, to see if he wanted to come over and watch Saturday cartoons with me. His mom said Carlos was in time-out for misbehaving at the grocery store and to call back later. She didn't sound very happy.

A las nueve y media, le llamé a Carlos, otra vez, para ver si quería venir a ver las caricaturas del sábado conmigo. Su mamá dijo que Carlos estaba castigado porque se portó mal en el mercado y que llamara más tarde. Ella no parecía estar muy contenta.

At ten o'clock, I helped my dad wash his car. He said that by the time I get my driver's license there will probably be flying cars. I wondered if I will have to flap my arms to make my future car fly.

A las diez en punto, le ayudé a mi papá a lavar su carro. Dijo que para cuando yo tenga licencia para conducir probablemente habrá carros voladores. Pensé si tendré que agitar mis brazos para hacer a mi futuro carro volar.

At ten thirty, I called Carlos, again. His little sister said he was outside playing soccer with his big brother and to call back later.

A las diez y media, le llamé a Carlos, otra vez. Su hermanita dijo que él estaba afuera jugando soccer con su hermano grande y que llamara más tarde.

At eleven o'clock, my teacher called and told my mom that I had not returned my homework on Friday. My mom told her to take my recess away as punishment and that it would not happen again. I pretended like I didn't hear.

A las once en punto, mi maestra llamó y le dijo a mi mamá que yo no había entregado la tarea el viernes. Mi mamá le dijo que me quitara el recreo como castigo y que no volvería a suceder. Fingí como que no escuché.

At eleven thirty, I called Carlos, again. His big sister said she was expecting a very important call and to call back later.

A las once y media, le llamé a Carlos, otra vez. Su hermana mayor dijo que ella estaba esperando una llamada muy importante y que llamara más tarde.

At twelve noon, I helped my mom make sandwiches for lunch. I could tell she was not happy with me. I ate all my lunch quietly. I didn't even complain about the soggy tomato.

A las doce de mediodía, le ayudé a mi mamá a hacer sándwiches para el almuerzo. Noté que no estaba contenta conmigo. Comí mi almuerzo calladamente. Ni siquiera me quejé del tomate aguado.

At twelve thirty, I called Carlos, again. His mother said he was feeding his dog and to call back later.

A las doce y media, le llamé a Carlos, otra vez. Su mamá dijo que él estaba dando de comer a su perro y que llamara más tarde.

At one o'clock, the ice-cream man went by. I did not think it would be a good idea to ask my mom for money to buy an ice-cream.

A la una en punto, pasó el paletero. No pensé que sería buena idea pedir dinero a mi mamá para comprar un helado.

At one thirty, I called Carlos, again. His big sister said he was outside helping his dad mow the lawn and to call back later.

A la una y media, le llamé a Carlos, otra vez. Su hermana mayor dijo que él estaba afuera ayudando a su papá a cortar el césped y que llamara más tarde.

At two o'clock, the mail carrier came by the house and left a handful of letters. I think my mom felt better after that because among them was a beautiful birthday card for her.

A las dos en punto, el cartero pasó por la casa y dejó un puño de cartas. Creo que mamá se sintió mejor después de eso porque entre ellas venía una hermosa tarjeta de cumpleaños para ella.

At two thirty, I called Carlos, again. His little sister said he was taking a bath and to call back later.

A las dos y media, le llamé a Carlos, otra vez. Su hermanita dijo que él se estaba bañando y que llamara más tarde.

At three o'clock, my little brother said he couldn't find his cat, Kiki. We found her inside my mom's closet with two newborn kittens!

A las tres en punto, dijo mi hermanito que no podía encontrar a su gata, Kiki. ¡La encontramos dentro del ropero de mi mamá con dos gatitos recién nacidos!

At three thirty, I called Carlos, again. His mom said he had gone to the neighbor's house to ask for a cup of sugar and to call back later.

A las tres y media, le llamé a Carlos, otra vez. Su mamá dijo que él había ido a la casa de la vecina a pedir una taza de azúcar y que llamara más tarde.

At four o'clock, I heard tires screech and a loud bang soon after. It was probably a car accident because I heard sirens afterward.

A las cuatro en punto, oí llantas rechinar y un fuerte golpe poco después. Probablemente fue un accidente de carro porque oí sirenas después.

At four thirty, I called Carlos, again. His big sister said he had gone with his father to find out what the sirens were all about and to call back later.

A las cuatro y media, le llamé a Carlos, otra vez. Su hermana mayor dijo que él había ido con su papá a averiguar de qué se trataban las sirenas y que llamara más tarde.

At five o'clock, I decided to finish the homework that I had not turned in on Friday. Maybe my teacher would not take my recess away if I turned it in on Monday.

A las cinco en punto, decidí terminar la tarea que no había entregado el viernes. Posiblemente mi maestra no me quitaría el recreo si la entregaba el lunes.

At five thirty, I called Carlos, again. His big brother said Carlos was in the garage looking for superhero comic books and to call back later.

A las cinco y media, le llamé a Carlos, otra vez. Su hermano mayor dijo que Carlos estaba en la cochera buscando historietas de superhéroes y que llamara más tarde.

At six o'clock, I ate dinner. It was the first time my mom made meatball soup. I told her it was tastier than the one my grandma makes. Mom said we would not mention it to Grandma.

A las seis en punto, comí mi cena. Fue la primera vez que mi mamá hizo caldo de albóndigas. Le dije que era más sabroso que el que hace mi abuela. Mamá dijo que no lo mencionaremos a la abuela.

At six thirty, I called Carlos, again. His little brother said Carlos was eating dinner and to call back later.

A las seis y media, le llamé a Carlos, otra vez. Su hermanito dijo que Carlos estaba cenando y que llamara más tarde.

At seven o'clock, I saw Mr. Campos running after his dog. I guess Bear dug a hole under the wooden fence and escaped.

A las siete en punto, vi al señor Campos corriendo tras de su perro. Creo que Oso cavó un hoyo debajo de la cerca de madera y escapó.

At seven thirty, I called Carlos, again. His mom said he was busy playing with his cousins that were visiting from Texas and to call back later.

A las siete y media, le llamé a Carlos, otra vez. Su mamá dijo que estaba ocupado jugando con sus primos que visitaban desde Texas y que llamara más tarde.

At eight o'clock, I found information about Texas in my grandmother's old encyclopedia. I found it in the one with "Sp-Ti" on the spine. When I showed my mom, she said my grandpa was born in Texas. She smiled at me.

A las ocho en punto, encontré información sobre Texas en la vieja enciclopedia de mi abuela. La encontré en la que tiene "Sp-Ti" en el lomo. Cuando le enseñé a mi mamá, ella dijo que mi abuelo nació en Texas. Ella me sonrió.

At eight thirty, I called Carlos, again. His father said that I should not be calling so late and to call back tomorrow.

A las ocho y media, le llamé a Carlos, otra vez. Su papá dijo que yo no debería llamar tan tarde y que llamara mañana.

At nine o'clock, I went to bed. I thought about how I had called Carlos all day and all the exciting things we both had done. I set my alarm clock for 7:00 a.m. again, and I smiled. I could not wait until tomorrow to call Carlos, again!

A las nueve en punto, me fui a la cama. Pensé en cómo le había llamado a Carlos todo el día y todas las cosas emocionantes que los dos habíamos hecho. Puse mi despertador para las 7:00 a.m. nuevamente, y sonreí. Estaba ansioso por que llegara mañana para llamar a Carlos, ¡otra vez!

Learning Activities

- Talk about what is happening on each page.
- Talk about different kinds of clocks and the clocks in your house.
- Have the child count while pointing to the numbers on the analogue clock beginning with one and counting clockwise.
- Have the child count by fives while pointing to the numbers on the analogue clock (five for the one, ten for two, and so on until arriving at the twelve). When he or she arrives at thirty for the number 6, explain it's the reason for saying 1:30, 2:30, and so on until arriving at 12:30.
- Talk about the size of the clock's hands and its meaning (say: the small hand is named first just as many things are small first, then grow).
- Talk about how the author used the color green for the hour hand to help children remember to mention the hour hand first (say: just like green light means go, you go to the green hand first).
- Cover a digital clock, and have the child read the analogue clock on that page.
- Have the child name his or her friends.
- Have the child talk about his or her favorite activity to do with friends.
- Talk about what makes a person a special friend.
- Talk about the characters' feelings on different pages.
- Mail a letter or card to someone special.

Actividades de aprendizaje

- Hable de lo que está sucediendo en cada página.
- Hable de diferente tipos de relojes y los relojes de su casa.
- Pida al niño o niña que cuente mientras apunta a los números del reloj analógico empezando con uno y contando en el sentido de las manecillas del reloj.
- Pida que el niño o niña cuente de cinco en cinco mientras apunta a los números del reloj analógico (cinco para el uno, diez para el dos, y así hasta llegar al doce). Cuando llegue a treinta para el número seis, explique que esa es la razón por la cual se dice la una con treinta, las dos con treinta, y continúe hasta llegar al doce. (En español también se puede decir la una y media, las dos y media, y se continúa hasta llegar a las doce y media.)
- Hable acerca del tamaño de las manecillas del reloj y su significado (diga: la manecilla pequeña se menciona primero al igual que muchas cosas primero son pequeñas y después crecen).
- Hable acerca de que la autora usa el color verde para la manecilla de la hora para ayudar a que niños y niñas recuerden mencionar la manecilla de la hora primero (diga: igual como la luz verde significa ir, primero vas a la manecilla verde).
- Cubra un reloj digital, y pida al niño o niña que lea el reloj analógico de esa página.
- Pida al niño o niña que nombre a sus amigos y amigas.
- Pida al niño o niña que le diga qué es la actividad favorita que le gusta hacer con sus amigos y amigas.
- Hable acerca de qué hace a una persona un amigo o una amiga especial.
- Hable acerca de los sentimientos de los personajes en diferentes páginas.
- Envíe una carta o tarjeta por correo a alguien especial.

A LITTLE EXTRA  EL PILÓN

Instructions: Cover the page with a clear protector, draw each clock's hands, and write the time.

Instrucciones: Cubra la hoja con un protector transparente, dibuje las manecillas de cada reloj y escriba la hora.

1. Wake up AM/PM
Despertar AM/PM

2. Return from school AM/PM
Regresar de la escuela AM/PM

3. Eat dinner AM/PM
Cenar AM/PM

4. Eat breakfast AM/PM
Desayunar AM/PM

5. Go to sleep AM/PM
Ir a dormir AM/PM

6. Go to school AM/PM
Ir a la escuela AM/PM

Instructions: Cover the page with a clear protector and make a circle around AM or PM.

Instrucciones: Cubra la hoja con un protector transparente y haga un círculo alrededor de AM o PM.

Answers/Respuestas: 1. AM 2. PM 3. PM 4. AM 5. PM 6. AM

ABOUT THE AUTHOR

María Victoria Castillo is a former fieldworker and comes from a long family of bakers. She calls California's Coachella Valley home since 1963. She began college at the age of forty and earned a master's degree in education from Azusa Pacific University. She received a Certificate of Congressional Recognition from Congressman Dr. Raul Ruiz for her contribution to education and her farmworker activism work and outreach. She also received a Certificate of Recognition from Assemblymember Eduardo Garcia for her contribution to education and the arts. Her hobby is photography. This talent has earned her several awards. Her motto is, "Never give up!"

ACERCA DE LA AUTORA

María Victoria Castillo trabajó en el campo y proviene de una larga familia de panaderos. Llama al Valle de Coachella en California su hogar desde 1963. Empezó el colegio a la edad de cuarenta años y obtuvo la maestría en educación de Azusa Pacific University. Recibió un Certificado de Reconocimiento del Congreso por parte del Congresista Dr. Raúl Ruiz por su contribución a la educación y por su trabajo de activismo y alcance para los trabajadores agrícolas. También recibió un Certificado de Reconocimiento por parte del Asambleísta Eduardo García por su contribución a la educación y a las artes. Su pasatiempo es fotografía. Este talento le ha otorgado varios premios. Su lema es, "¡Nunca te rindas!"

MORE BOOKS — MÁS LIBROS

Aprendamos el abecedario

Field Work Through the Eyes of a Child

Trabajo del campo en los ojos de una niña

Let's Count With Maria & Contemos con María

www.ingramcontent.com/pod-product-compliance
Lightning Source LLC
Chambersburg PA
CBHW060759090426
42736CB00002B/89